U0033317
Magic
Kitchen

二魚文化

極簡的料理手段，純粹而飽滿的滋味，每一口都是味蕾的歌頌。

阿倡師的 50 種烹魚藝術

# 經典魚料理

李旭倡·著

# 目次 Contents

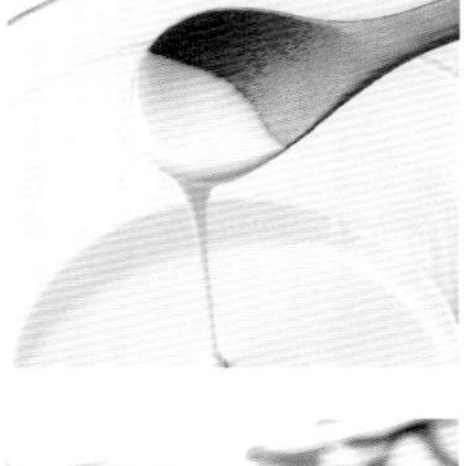

溪州樓的夢幻魚 …… 焦桐 8
烹魚常見問題 Q&A …… 12
英雄不怕出身低 …… 焦桐 110


## Part 1 燜蒸煮煨 Steam & Simmer


絲瓜魚 …… 16
豆醬冬瓜蒸魚 …… 18
蒜酥魚 …… 20
清蒸魚 …… 22
豆瓣魚 …… 24
豆酥魚 …… 26
剁椒魚 …… 28
味噌煨魚 …… 30
划水 …… 32
蔥燒魚 …… 33
生魚片 …… 34
水煮魚 …… 36
豆豉魚 …… 38
豆醬煨魚 …… 40

## Part 2

## 煎烤炒炸

Roast & Fry


黃金魚排 ............ 44
芝麻熏魚 ............ 46
煎烤魚 ............ 48
紅糟魚 ............ 50
烤肚檔 ............ 52
干燒魚頭 ............ 53
茄汁魚片 ............ 54
奶油魚 ............ 56
鹽烤魚 ............ 58


## Part 3

## 照燒宮保

Creative dishes


酸辣魚柳 ............ 62
照燒魚 ............ 64
糖醋魚 ............ 66
宮保魚丁 ............ 68
薑絲魚片 ............ 70
蒜泥魚片 ............ 71
鳳梨魚丁 ............ 72
三杯魚 ............ 74
香菇魚羹 ............ 76
麻油魚 ............ 78
紅燒魚 ............ 79
椒鹽魚柳 ............ 80
魚肉獅子頭 ............ 82
蔥爆魚柳 ............ 84
冬菜扣魚 ............ 86
鐵板魚柳 ............ 88


## Part 4

## 汆熬煲燉

Healthy soup


味噌魚湯 ............ 92
燒酒魚 ............ 94
湯泡魚生 ............ 95
砂鍋 ............ 96
薑絲魚湯 ............ 98
麻油魚湯 ............ 99
福菜魚湯 ............ 101
鳳梨苦瓜魚湯 ............ 102
竹筍魚湯 ............ 104
麻辣魚湯 ............ 106
養生魚湯 ............ 108

# 溪州樓的夢幻魚

飲食文化專家 焦桐

外公的魚塭裡養最多的是吳郭魚，自然也有不少蝦、蟹、鰻和水蛇，小時候我常在那裡釣魚、游泳，直到目睹一整車水肥傾入魚塭，才結束玩水的童年。那是五○年代末，吳郭魚還在吃大便。

此魚從前我們叫「南洋鯽仔」，吳郭魚是紀念吳振輝、郭啓彰兩位先生1946年自新加坡引進，他們輾轉偷帶回旗津老家時僅存13尾魚苗，5雄8雌，算是第一代移民，堪稱吳郭魚的祖先。

數十年來，飼育技術不斷翻新，幾番雜交配種，此魚已是臺灣數量最夥的養殖魚，出口到歐美、日本，被稱爲「臺灣鯛」。吳郭魚屬慈鯛科，是非洲移民，全世界有一百多種，各地華人對牠的名稱也不一樣，諸如中國大陸叫「羅非魚」，乃原產地尼羅河、非洲之故；香港人則因形似鯽魚而喚「非洲鯽」；馬來西亞稱爲「非洲魚」。

吳郭魚價廉而新鮮，可惜魚身有頑固的泥土味，一直上不了大餐館檯面。其實泥土味並非不能拯救，市場的吳郭魚都還活蹦亂跳，買回來以後若能餓養三兩天即能滌除。景美「味自慢」用豆腐乳加辣椒蒸吳郭魚，的確消滅了泥土味，可惜魚鮮卻不免蕩然。臺電大樓旁邊「醉紅小酌」乾脆選用海吳郭清蒸，成爲該店的招牌菜之一。王潤華教授曾盛贊醉紅小酌的清蒸吳郭魚，「酒黨」的定期聚會選在這裡，吳郭魚功不可沒。

我自認是烹調吳郭魚高手，品嚐過「溪洲樓」之後，甘拜下風。石門水庫週遭聚集了許多活魚餐館，幾乎都賣草魚、鰱魚，「溪洲樓」卻以吳郭魚聞名。其實任何魚養在他們家乾淨的魚塭裡，沒有不美味的。

有一天，前中央大學校長劉全生教授興奮地告訴我，「有個親戚說要帶我們夫妻去嚐全臺灣最好吃的魚，到了那裡才知道，原來就是你帶我們去過的『溪洲樓』。」

那次有詩人楊牧伉儷作陪，楊牧去之前也說，他不太吃魚。我知道他嗜雞和啤酒，遂特地請老闆李旭倡弄一隻土雞白斬，還刻意冰鎮半打啤酒。餐後，那盤誘人的白斬雞似乎沒吃幾塊，楊牧竟說：「奇怪，今天竟然吃魚吃到忘記喝啤酒。」

大概阿倡沒事就鑽研廚藝，我去「溪洲樓」鮮少點菜，可端上來的魚料理多半不重複。有一次我問，這糖醋魚塊怎麼啦？味道跟以前完全不一樣。他說不是糖醋魚，是「熏魚」——他用胡椒粉、豆瓣醬和冰糖去熬魚塊。這肯定是突發

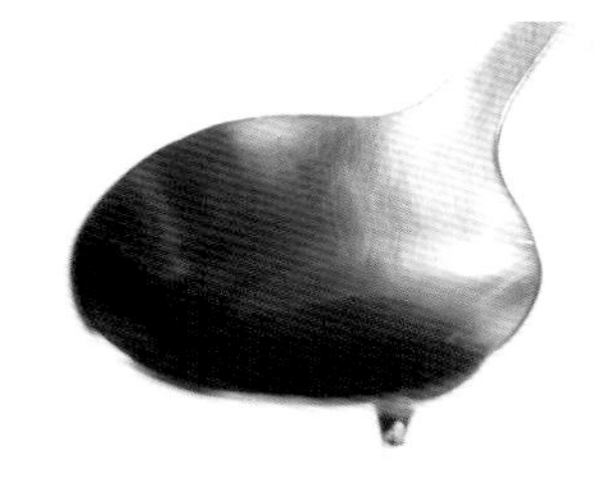

*Classic*

# *fish dishes*

奇想的產品，絕非河南名產。蓋湖南的熏魚又叫臘魚，非但切剖法相異，還得經過醃漬、乾燥、煙熏的工序。豆醬煨魚是臺灣古早味，阿倡也常作，每次吃這魚不免發思古之幽情。

現代人越來越重視養生飲膳，可我的經驗是好像越強調健康的食物，通常多很難吃，似乎健康與美味頗爲扞格。這實在是天大的誤會，不信請試試溪洲樓的「養生魚湯」，此湯經過兩次加工——先用魚骨、烏鰡熬湯底，令高湯充滿膠質和鈣質；再下枸杞、甘草等多種中藥材燉煮。我多次喝這魚湯，同桌吃飯的人，不曾少於喝三碗者。

「酸辣吳郭魚柳」是冷盤，酸味、辣味和甜味調和得恰到好處，帶著泰式料理的風格，具提醒作用。這道魚柳宜作前菜，喚醒我們的味蕾，引導我們的食欲，迎接一道又一道變化烹飪方式的魚料理。

吳郭魚切成柳還可作成「椒鹽魚柳」。椒鹽適用於軟炸、酥炸類的菜肴，花椒是不可或缺的香料。魚柳炸過之後，加上蔥花、辣椒絲、洋蔥絲襯托，那種酥麻的鮮香，入口即產生愉悅感。

通常我們會將最好的魚作成清蒸魚，因爲清蒸最能吃出魚的原味，最能表現魚的鮮美。「溪洲樓」的清蒸魚多用個頭較小的吳郭魚，有時加進漬冬瓜去蒸，有時以破布子、豆豉調味，都彰顯了直截了當的美感。

原味的另一種吃法是鹽烤，溪洲樓的「鹽烤魚」大抵使用三斤的吳郭魚，魚未除鱗，清洗潔淨後只抹上一層厚厚的粗鹽即進烤箱，因此例不吃魚皮。別以爲烤魚很簡單，我剛開始在家烤魚，試過幾次總試不出好滋味，遑論要烤到像阿倡的手藝這樣表皮酥脆、裡面多汁的境界。

如果帶小孩來，我建議點食「黃金魚排」。由於材料佳，又仔細烹調，魚排炸出來自然美味，孩

子一塊接一塊吃，那饞相好像覺得盤子裡的魚排不夠多，那肥厚的炸魚排總透露歡樂的滋味。讓孩子們品嘗一點優質的油炸物是好的，開啓他們的味覺見識，讓他們明白炸魚排不必像速食店所供應的那麼庸俗。

阿倡也常作「宮保吳郭魚丁」給我吃，「宮保」料理源於清末四川總督丁寶楨，這個貴州人愛吃雞，又曾當「太子太保」，故有這名稱。宮保魚丁當然是沿襲自宮保雞丁，只是將雞肉改成魚肉，沒想到魚丁竟不遑多讓於雞丁。這菜厚重中隱藏著細嫩，光是看盤中的紅辣椒絲、花生、香菜就引人饞涎，入嘴的花椒香又誘引食欲。

另一重口味的料理是「三杯吳郭魚」，係源自三杯雞，乃道地的臺灣名菜，幾乎是鄉野餐館的基本動作。所謂三杯，指的是米酒、醬油、麻油各三分之一杯，加糖、大蒜、辣椒、老薑調味煮材料，待醬汁快收乾，起鍋前加九層塔拌炒即成。

「三杯」料理除了雞，較常見的還有中卷、田雞、豬肉，將魚納入，香氣撲鼻。不過這道菜味道濃厚強烈，上菜次序應安排在後面，以免干擾其它料理的滋味。

可能是天氣漸冷，「麻辣吳郭魚鍋」亦是阿倡新研發的料理。麻辣乃川菜的基本味道，紅油、香油、豆豉、花椒、辣椒均是顯而易見的主要調味料，麻婆豆腐即是麻辣味的代表作。

阿倡的麻辣魚鍋是結合魚生火鍋、麻辣火鍋變奏而來。市面上一般吃的魚生鍋，多使用冷凍鯛魚片，了無滋味。這又回到材料問題，溪洲樓的魚本來就刻意培養，肉質遠非等閒之鯛魚片可比；這種魚生在麻辣鍋中一涮即起，未近嘴就聞到它強力播香，宛如甫出浴的美人，魅力難擋。

節錄自《臺灣味道》

# 烹魚常見問題Q&A

**01**

**Q** 買魚時如何辨識魚肉新不新鮮？

**A** 新鮮的魚肉應該具備以下特色：

- 魚鰓：呈鮮紅色
- 眼睛：透明
- 魚身：色澤光亮
- 鱗片：整齊無損傷

購買時也要聞聞是否有消毒水味，因有些店家為了保持魚肉新鮮而添加不當內容。找比較熟悉有信用的店家購買也較能安心。

**02**

**Q** 買魚回來之後要如何保鮮？

**A** 魚肉應趁新鮮享用，最好不要久放。若一次料理不完，可以用袋子包好後再用報紙包一層防水分蒸發。也可以在魚身灑鹽，但此法易使魚肉失去鮮美味道，不適用於細嫩的魚肉。

**03**

**Q** 料理前有哪些基本程序？

**A** 由冷凍庫取出的魚肉須先退冰。注意退冰必須連同外包裝泡在常溫水中，或以流動的清水反覆沖淋，充分解凍後才能料理。若將冷凍的魚直接以滾水沖燙，只會使魚肉表面熟而內部夾生。若為市場買回的新鮮魚肉則只要洗淨即可。

**04**

**Q** 料理魚需要哪些器具？

**A** 準備專用的刀子及砧板，若需要自行去魚鱗可以購買市面上的去鱗刀，菜刀刀背或一般刮刀亦可。

**05**

**Q** 如何去魚鱗？

**A** 逆向魚鱗，以刨刀輕輕刮除。以市面上販賣的專用魚鱗刮刀或菜刀刀背、湯匙亦可。

**06**

**Q** 如何去內臟？魚的哪些內臟可以做成料理？

**A** 市場店家通常會先去內臟。內臟基本上小型魚不可食，大型魚可食。若要自行去內臟，由胸鰭下的腹部劃一刀，再一一摘除內臟，注意不要弄破魚膽，以免膽汁破壞魚肉味道。最後洗淨魚身。

（本食譜的份量皆為4人份）

| | |
|---|---|
| 07 | **Q** 如何切魚肉？<br>**A** 要切魚片或魚柳時，要順著魚肉紋理，否則烹調時魚肉易碎亂；若要切大塊油炸或煎、烤，則必須垂直肉紋。 |
| 08 | **Q** 哪些魚較易有腥味？在料理過程中如何去腥？<br>**A** 魚肉或多或少都會有腥味，可以視料理方式採用薑、醋、酒去腥。 |
| 09 | **Q** 煮魚湯要注意哪些事？<br>**A** 先將魚杂燙過一次，煮湯後的魚肉才會軟嫩容易入口。 |
| 10 | **Q** 煎魚要注意哪些事？<br>**A** 鍋子必須保持乾燥，將殘留的水珠擦拭乾淨，防止油噴濺上來。注意火力不要太強，以免魚肉表面焦黑，內部未熟。 |
| 11 | **Q** 做生魚片要注意哪些事？<br>**A** 務必挑選新鮮魚肉，注意衛生，馬上食用。 |
| 12 | **Q** 烤魚要注意哪些事？<br>**A** 要精確掌控火侯及時間，不要烤焦。 |
| 13 | **Q** 什麼樣的魚適合煮湯、煎、做生魚片 等各種不同料理方法？<br>**A** 魚肉新鮮為最基本要件；軟嫩的魚肉如鱸魚、鱈魚等適合清蒸、煮湯；肉質較粗且帶腥、土味的魚如烏魚、吳郭魚、黃魚等則適合煎、炸，或以紅燒、豆瓣、糖醋等醬汁料理。 |
| 14 | **Q** 為什麼許多道魚肉料理前都要先輕炸過？<br>**A** 油炸有兩項功用，一能使魚肉定型，否則魚肉容易鬆散破碎；二則可以鎖住魚肉的鮮味並帶出香氣。若在家料理不喜歡太過油膩，可以平底鍋油煎代替，煎至表面稍微呈金黃色定型即可。 |

常用作料：

• 雞粉（代替味素，較為天然）

• 酥炸粉　以樹薯粉、玉米粉或地瓜粉等具粘稠性質的粉調和適當水份做成粉漿，可依個人喜好加入起司粉、鹽、胡椒等等調味料，於油炸前沾裹，可炸出酥脆外皮。也可先沾蛋清，再沾調和過的粉漿，黏附效果更佳。若不想自己調製，可購買市面上現成的「起司脆酥粉」，成份包含玉米粉、低筋麵粉、起司粉等等。

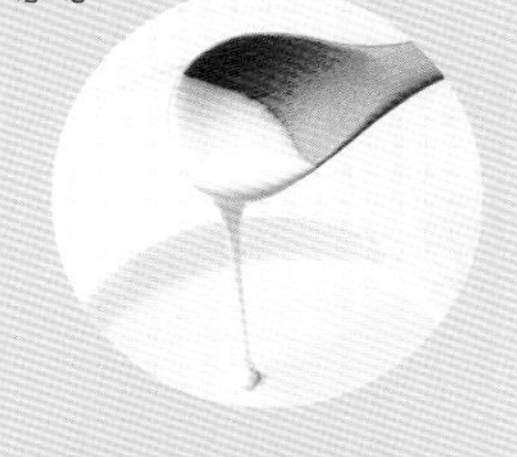

• 高湯（可以魚骨和白斬雞熬煮，或買現成高湯塊、高湯罐）

Part 1

Steam & Simmer

# 燜蒸煮煨

(燜) 蓋緊鍋蓋，以鍋內的蒸氣及溫度燉煮至熟爛。

(蒸) 隔水加熱，以沸騰的水蒸氣，使熱度透入內裡至熟透。

(煮) 將原料放入多量的湯水中加熱致熟，是最普通的烹法。

(煨) 以微微的火力緩緩細細地燒煮，使之熟而軟爛。

Steam & Simmer >> 燜蒸煮煨類

# 絲瓜魚

絲瓜清爽消暑，枸杞鮮甜養生，
開胃營養的配菜。

### • 材料 •

魚肉……約1斤
蛤蜊……半斤
絲瓜……1條
枸杞……少許
蔥花……少許
雞粉……1大匙
蒜末……少許

### • 調味料 •

胡椒粉……少許

1

2

### • 作法 •

1 將蛤蜊洗淨，浸泡在濃度大約5%的鹽水中，吐沙5~6小時。（1）
2 將魚肉洗淨，切成1公分的薄片。（1）
3 將絲瓜去皮切成厚片，蔥洗淨切細。
4 將油加熱至120℃，油炸魚片。
5 另起油鍋，爆香蒜末，放入絲瓜炒軟，再加入枸杞、蛤蜊、高湯及炸過的魚肉，煮開後加入雞粉、胡椒粉調味。（2）
6 加入香油、蔥花盛盤。

Steam & Simmer >> 燜蒸煮煨類

# 豆醬冬瓜蒸魚

清蒸後的甘鹹湯汁，使魚肉更加開胃可口。

## •材料•

魚......半條
豆芽......少許
蔥花......少許
黃豆醬......1大匙
冬瓜醬......1大匙
薑絲......少許

1

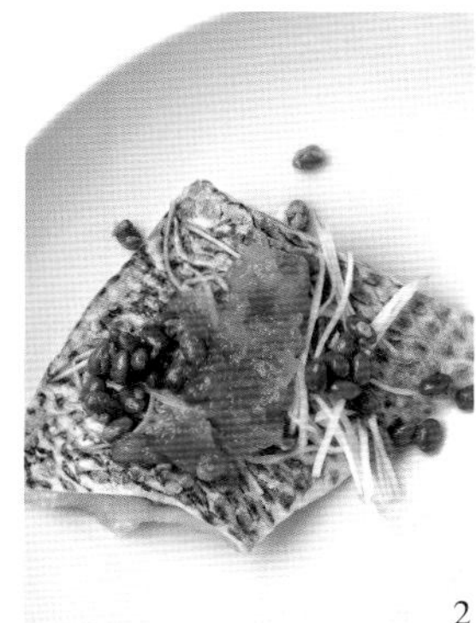
2

3

## •作法•

1 將魚洗淨，由脊椎橫剖半。（1）

2 洗淨豆芽，瀝乾；蔥洗淨切細；薑洗淨去皮切絲。（1）

3 在蒸盤上平鋪豆芽（或以抹油代替，目的為防止魚肉黏盤），將魚平放其上，淋上黃豆醬、冬瓜醬和薑絲，以大火蒸10~15分鐘，蒸至熟透。（2、3）

4 將香油加熱煮沸。

5 在蒸好的魚灑上蔥花，淋上已加熱之香油。

Steam & Simmer >> 燜蒸煮煨類

# 蒜酥魚

香脆可口的蒜酥搭配鮮嫩魚肉，
廣受歡迎的吃法，宴客家常兩相宜。

## 材料

烏鰡魚 ......1片去皮、去骨
雞粉 ......1小匙
蒜酥 ......少許
蔥花 ......少許

## 調味料

鹽 ......少許
胡椒粉 ......1小匙

## 作法

1 將魚洗淨，去皮、去骨，切片。（1）
2 蔥洗淨切細。
3 魚片抹鹽，醃 5 分鐘。此舉能帶出魚肉的甜味，讓魚更入味。
4 洗掉魚片上的鹽，將水份擦乾。
5 將油加熱至120℃，魚片下鍋油炸至金黃色。（2）
6 將炸過的魚片以中火蒸10分鐘至熟透。
7 把薑末、蒜末放入120℃油鍋炸成蒜酥（若買現成蒜酥則可省略此步驟），另起油鍋放入蔥花、蒜酥拌炒，再加入雞粉炒勻，最後灑在蒸好之魚肉上。

Tips

• 一般人在家中很難炸出好吃的蒜酥，建議直接買現成的。

Steam & Simmer >> 燜蒸煮煨類

# 清蒸魚

呈現魚肉的鮮甜原味，
清淡又可口的吃法。

**• 材料 •**

魚……半條
豆芽……少許
蔥……1支切絲
薑絲……少許
辣椒……1支切絲
紅蘿蔔……切絲

**• 調味料 •**

魚露……2大匙
黑胡椒……少許
香油……1大匙
醬冬瓜……1大匙（可至傳統市場購買）

1

2

3

**• 作法 •**

1 將魚洗淨，由脊椎橫剖半。（1）
2 將豆芽、蔥、薑、辣椒、紅蘿蔔洗淨，蔥、薑、辣椒、紅蘿蔔切細絲。
3 在蒸盤上平鋪豆芽（或以抹油代替，目的為防止魚肉黏盤），放上魚之後，淋魚露、灑薑絲、醬冬瓜。先將蒸籠鍋內的水以大火煮開，放入蒸盤後以中火蒸約12~14分鐘至熟透。（2）
4 自蒸籠取出，灑上薑絲、辣椒絲、紅蘿蔔及黑胡椒粉。
5 起油鍋，將香油加熱至100℃，淋在各類細絲上即可上桌。（3）

**Tips**

• 若魚肉腥味較重，可加薑、加酒一起蒸。
• 肉質細嫩、新鮮的好魚最適合清蒸，方能吃出魚肉的原汁原味。石斑魚、鱈魚、鱸魚、鯧魚 等，皆適合清蒸，其中鱸魚因富含膠質，剛動過手術的人可以多吃，利於復原傷口。

**小知識。**

《清稗類鈔》記載蒸魚法，常用花椒、酒、蔥、火腿、豬油、筍、瓜、薑一起蒸，也值得參考。

Steam & Simmer >> 燜蒸煮煨類

# 豆瓣魚

家常的下飯好滋味。

**• 材料 •**

魚肉......1斤
豆腐......1塊
蔥花......少許
蒜末......少許
薑末......少許
豆瓣醬......2大匙

**• 調味料 •**

胡椒粉......1大匙
太白粉......1小匙
糖......1大匙
白醋......1大匙
香油......1小匙
醬油......1大匙
蕃茄醬......1大匙

**• 作法 •**

1 將魚肉洗淨，切塊。（1）
2 豆腐洗淨；蔥洗淨切細；薑及蒜去皮並切末。（1）
3 起油鍋，爆香蒜末、薑末及豆瓣醬，炒香。
4 加入醬油、蕃茄醬、糖、胡椒粉調味，加入少量水煮滾，再放入豆腐及魚肉，以小火悶煮約15 分鐘至熟透入味。（2）
5 加入太白粉勾縴，再倒入香油及白醋提味，最後灑上蔥花。

**Tips**

• 肉質粗的魚肉，諸如烏魚、吳郭魚、黃魚，腥味及土味較重，適合此做法。
• 以現成的陳年辣豆腐乳代替豆瓣醬也是不錯的選擇。

**小知識。**

早年農業社會，飲食選擇不多，此類利於下飯的菜餚，乃尋常人家餐桌上常見的料理。

Steam & Simmer >> 燜蒸煮煨類

# 豆酥魚

香酥脆的口感與軟嫩魚肉的家常下飯菜。

**• 材料 •**

魚肉……1斤
豆芽……1小把
豆酥……1/2杯
蔥花……少許
雞粉……1匙
蒜末……2粒切末

**• 調味料 •**

魚露……1/2杯
香油……1小匙
鹽……1小匙

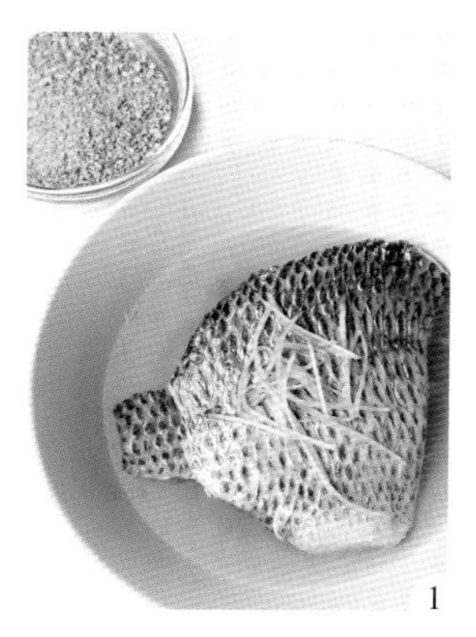
1

2

3

4

**• 作法 •**

1 將魚洗淨；豆芽、蔥洗淨，蔥切細；大蒜去皮，切末。

2 在蒸盤上平鋪豆芽（或以抹油代替，目的為防止魚肉黏盤），再放上魚，淋魚露後放入蒸籠，以中火蒸約 12~14 分鐘至熟透。（1）

3 起油鍋爆香蒜末，加入豆酥炒勻，加雞粉、鹽調味，最後倒入香油。（2、3）

4 將炒好的豆酥鋪在蒸好的魚上，再灑少許蔥花。（4）

**Tips**

• 挑選肉質細軟的魚，例如白鯧、鱈魚，魚身務必完整。
• 若魚肉較腥，可於蒸之前抹點米酒醃5分鐘，去除腥味。
• 豆酥本身即為鹹味，調味時適度加鹽即可，以免太鹹。豆酥一定要丟入熱油中拌炒，香氣十足。

Steam & Simmer >> 燜蒸煮煨類

# 剁椒魚

融辣味與鮮味爲一體的絕佳風味。

**• 材料 •**

魚 ...... 半條
蔥花 ...... 少許
豆芽 ...... 少許
蒜末 ...... 3粒切末
辣椒末 ...... 2根切末

**• 調味料 •**

鹽 ...... 1小匙
魚露 ...... 1/2杯
香油 ...... 1大匙
花椒粉 ...... 1小匙
胡椒粉 ...... 1小匙

1

2

3

**• 作法 •**

1 將魚洗淨，由脊椎橫剖半。（1）
2 將蔥洗淨切細；大蒜去皮、辣椒洗淨，切末；豆芽洗淨，瀝乾。（1）
3 在蒸盤上平鋪豆芽（或以抹油代替，目的為防止魚肉黏盤），倒入魚露，灑上辣椒末混合蒜末，加鹽拌勻， 放上魚，以中火蒸約12~14分鐘至熟透。（2）
4 另起油鍋以香油爆香花椒粉、胡椒粉。
5 將爆香之配料淋在蒸好的魚上，再灑上蔥花。（3）

Steam & Simmer >> 燜蒸煮煨類

# 味噌煨魚

味噌營養豐富，且能抗癌，
日式風味的健康吃法。

**• 材料 •**

魚……半條
蔥花……少許
豆腐……1塊
蒜末……2粒切末
薑絲……少許
味噌……2大匙

**• 調味料 •**

糖……1小匙
醬油……1小匙
柴魚……1把

1

2

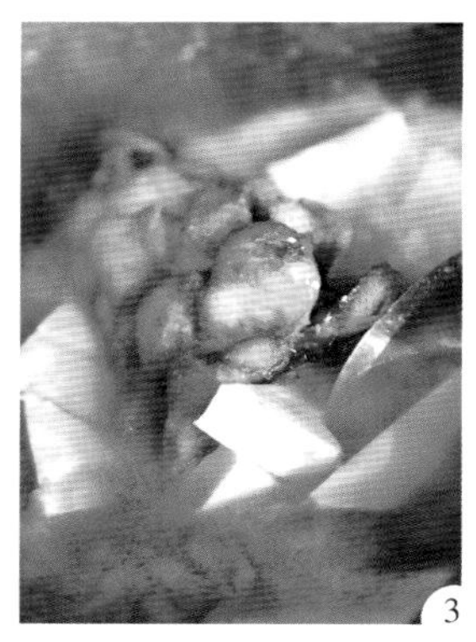
3

**• 作法 •**

1 將魚洗淨，由脊椎橫剖半。斜切為格狀，更易熟透。（1）

2 蔥洗淨，切細；豆腐洗淨，切塊；大蒜去皮，切末；薑洗淨，去皮，切絲。

3 將油加熱至120°C，放入油炸約1~2分鐘至金黃色，備用。或者以平底鍋油煎取代。（2）

4 起油鍋爆香蒜末，加高湯煮開，再加入糖、醬油及味噌煮勻。

5 放入炸（煎）過的魚和豆腐，煮至熟透入味，若湯汁很多，至多煮5分鐘。不要煮到完全收水。（3）

6 灑上柴魚、蔥花、香油。

Tips

• 味噌本身即含鹽，不要煮太久，以免太鹹。

# 划水

划水即魚尾巴，宴客佳餚。

**• 材料 •**

魚尾巴

蒜末 、薑絲......少許

**• 調味料 •**

糖 ......1大匙

香油 ......1小匙

蠔油 ......1大匙

**• 作法 •**

1 將魚洗淨，將魚的尾端1/3處切下，橫剖半。

2 大蒜去皮，切末；薑洗淨去皮，切絲。

3 起油鍋，爆香蒜末，加入高湯、蠔油、糖及高湯煮開。

4 將魚尾巴放入鍋，高湯必須醃過食材，煮至收水。

5 加入香油後盛盤，放上薑絲。

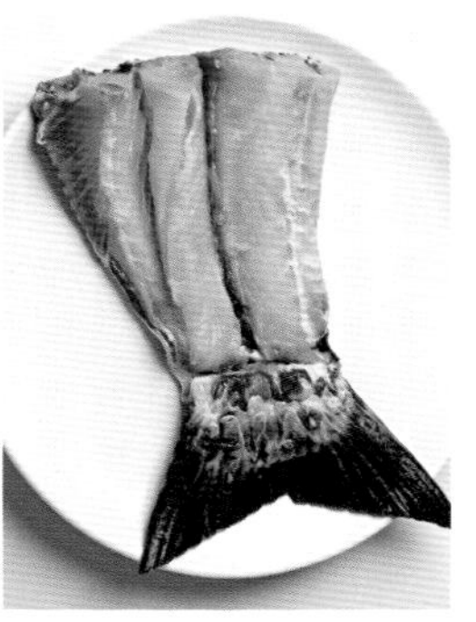

Tips

魚尾巴一般稱為「划水」，源自湖廣一帶，因地理上河湖衆多的特色，愛吃魚的人多。其料理方式有紅燒、黃酒紅燜、廣式作法。難度在於切剖尾巴，以及烹煮時必須保持尾巴之完整性，切勿使魚破碎。

Steam & Simmer >> 燜蒸煮煨類

# 蔥燒魚

蔥香濃郁，魚鮮味鹹，
適合喜歡重口味者。

**• 材料 •**

魚……半條
蒜末、薑絲……少許
蔥段……2根
豆腐……1塊

**• 調味料 •**

醬油……1大匙
糖……1大匙
香油……1小匙
胡椒粉……少許

**• 作法 •**

1 將魚洗淨，由脊椎橫剖半。
2 大蒜去皮，切末；蔥洗淨，切段；薑洗淨去皮，切絲；豆腐洗淨，切塊。
3 將油加熱至120℃，油炸魚肉。
4 以同樣的熱油將蔥段快速過油。
5 另起油鍋，爆香蒜末，加入醬油炒香，再加入高湯、胡椒粉，煮開後放入糖、魚、豆腐，高湯必須醃過食材，蓋上鍋蓋悶煮至收水為止。
6 加入香油、蔥絲。

Steam & Simmer >> 燜蒸煮煨類

# 生魚片

注意衛生及刀工，
在家也能享受新鮮魚肉的天然甜味。

**• 材料 •**

無刺魚肉 ...... 半斤
冰塊 ...... 1桶
洋蔥 ...... 適量，切細絲

**• 調味料 •**

芥末 ...... 依個人喜好
醬油 ...... 依個人喜好

1

2

**• 作法 •**

1 將魚肉洗淨，切成薄片。（1）
2 將洋蔥洗淨，切細絲，泡水，平鋪於盤子上。
3 在冰桶中放入適量冰塊，再放入切好的魚片，用力搖冰桶，讓魚片急速冰凍約5分鐘。（2）
4 將生魚片取出，鋪在洋蔥絲上，依個人喜好搭配芥末及醬油食用。

**Tips**

一般日式料理皆以白蘿蔔絲搭配生魚片，但洋蔥絲則更對味，洋蔥切絲後泡水，能去除其辛辣味。以洋蔥取代白蘿蔔還有另兩項好處：洋蔥健康養生，富含纖維；在不盛產蘿蔔的夏天也較便宜。

**小知識。**

生魚片源於中國。唐．賀朝〈贈酒店胡姬〉描述夜裡在酒店飲宴，「玉盤初鱠鯉」裡的鱠鯉，即是將鯉魚去皮，細切成片，蘸薑醋等佐料生食。

Steam & Simmer >> 燜蒸煮煨類

# 水煮魚

酒香魚料理，冬令進補。

• 材料 •

魚……半條
蔥花……少許
豆腐……1塊
雞粉……1小匙
蒜末……少許

• 調味料 •

乾辣椒……適量
米酒……適量
香油……少許
花椒粉……少許
胡椒粉……少許

1

2

• 作法 •

1 將魚洗淨，由脊椎橫剖半，再切成2公分的厚片。（1）
2 蔥洗淨，切細；大蒜去皮，切末。（1）
3 起油鍋爆香蒜末及乾辣椒，再加入米酒、高湯煮開。
4 放入魚及豆腐，煮至熟透。（2）
5 加入雞粉調味，盛盤，然後灑上蔥花。
6 起油鍋，加熱香油，再加入花椒粉、胡椒粉爆香，最後淋在已盛盤中之蔥花上。

Steam & Simmer >> 燜蒸煮煨類

# 豆豉魚

簡易又下飯，豆豉的鹹甘與魚肉的鮮香混搭出絕佳風味。

**• 材料 •**

- 魚……半條
- 蔥花……少許
- 豆腐……1塊
- 豆豉……1大匙
- 辣椒末……少許
- 蒜末……少許
- 蒜酥……少許

**• 調味料 •**

- 醬油……2小匙
- 胡椒粉……少許
- 糖……1大匙
- 烏醋……1小匙
- 香油……1小匙
- 太白粉……適量

1

**• 作法 •**

1. 將魚洗淨，由脊椎橫剖半，再切成2公分的厚片。（1）
2. 蔥洗淨，切細；豆腐洗淨；辣椒洗淨，切末；大蒜去皮，切末。（1）
3. 將油加熱至120℃，油炸魚肉，
4. 另起油鍋，爆香蒜末、辣椒末、豆豉，加入高湯煮開後，再加入醬油、糖、烏醋調味，然後將魚肉及豆腐放入悶煮，直至熟透。（2）
5. 加入太白粉勾縴，最後加入香油、蔥花盛盤。

2

**小知識。**

豆豉是中式料理中常見的調味食品，製做過程繁複，能為料理添加獨特風味。

# 豆醬煨魚

酸甜滋味搭上軟嫩口感，絕佳的下飯好菜。

**• 材料 •**

魚……半條
黃豆醬……1大匙
豆芽……1小把
酸菜……1片切絲
蔥花……少許
辣椒……1支切段
薑絲……少許
蒜末……2粒切末

**• 調味料 •**

香油、白醋……各1小匙
糖……1大匙
太白粉……少許
胡椒粉……少許

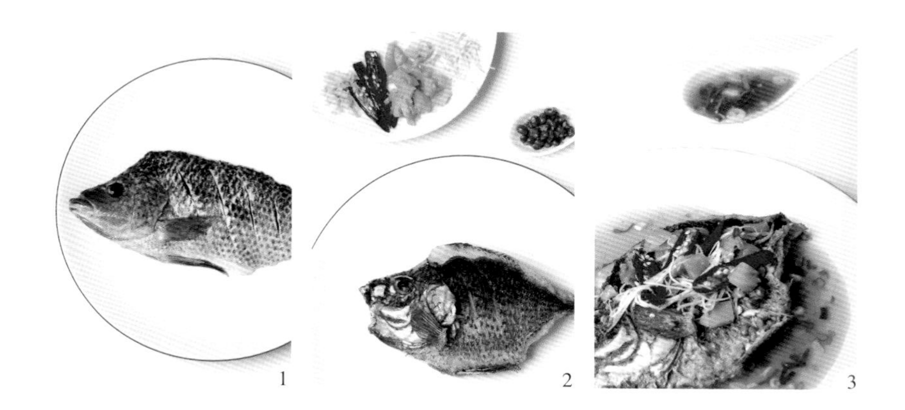

**• 作法 •**

1 將魚洗淨，由脊椎橫剖半。（1）
2 將豆芽、蔥、薑、辣椒洗淨，大蒜去皮切末，酸菜及薑切絲，蔥切細，辣椒切段。（2）
3 將油加熱至120℃，放入魚，油炸約 1~2 分鐘，使之表面緊縮。備用。
4 起油鍋爆香蒜末、辣椒段、薑絲、酸菜，之後再加入糖、黃豆醬、胡椒粉、高湯。高湯必須淹過食材，煮開。亦可加入少許蕃茄醬，使醬料色澤更加漂亮。
5 將炸好的魚放入煮開之高湯，以小火悶煮約 10 分鐘至入味。
6 加入太白粉勾縴，以白醋提味，再淋上香油以提高亮度，灑上蔥花。（3）

**Tips**

• 炸魚可採兩段式炸法，避免以高溫持續炸，魚表皮較不易焦黑，且魚肉不致於太老，味道較好。
• 肉質粗的魚肉，諸如烏魚、吳郭魚、黃魚，腥味及土味較重，適合此做法。

**小知識。**

烹調時為了令湯汁濃稠，往往在菜餚中加入縴粉，常見人管這種作法叫「勾芡」，這個「芡」字，其實是「縴」字之誤。案「勾」為鉤聯、結合意；「縴」本意為挽舟、牽牲口用的繩索。而「芡」乃一種水生草本，其種子即芡實。
「勾縴」是做菜煮湯時，用水溶解澱粉成為白色漿汁，再將這種水澱粉加入湯汁中，使菜餚或湯變得濃稠。「勾芡」二字則顯得胡亂勾搭，非但沒有意義，更與烹飪工序完全無涉。

# Part 2

Roast & Fry

# 煎烤炒炸

煎 原料常先行入味，以熱鍋、少油慢慢烹熟。

烤 直接用火的輻射熱烘熟。

炒 中華料理最基本、最獨特的烹飪工藝，將加工過的原料放入熱油鍋，調味，快速翻拌，令均勻受熱成熟。

炸 一般先掛糊處理原料，入旺火多油的鍋內製成，成品特色是外焦裡嫩。

Roast & Fry >> 煎烤炒炸類

# 黃金魚排

家庭自製魚排，健康美味，
適合發揮各式創意吃法。

**• 材料 •**

魚肉......1斤
酥炸粉......適量
麵包粉......適量

**• 調味料 •**

胡椒粉......1小匙
鹽......1小匙
米酒......適量

1

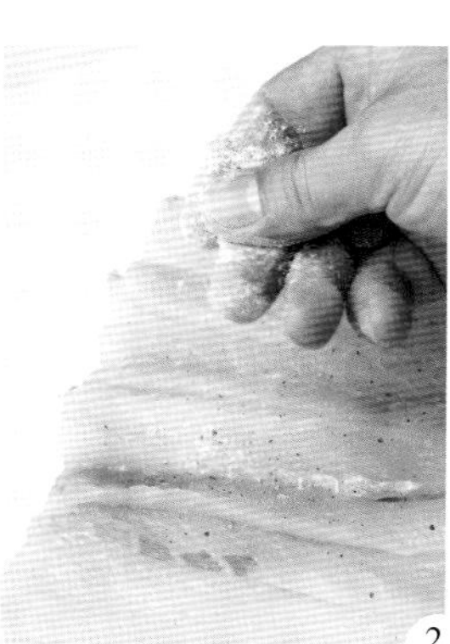
2

3

4

**• 作法 •**

1 將魚肉洗淨，切成適於炸魚排的1公分厚片。（1）
2 將切好的魚塊以米酒、鹽、胡椒粉醃約5分鐘。（2）
3 酥炸粉加水，調至成泥狀。
4 將油加熱至約100°C，醃過的魚片沾裹酥炸粉後再沾麵包粉，放入油鍋，炸成金黃色。（3、4）
5 附上胡椒鹽或蕃茄醬作沾料。

Tips

• 除了做中餐配菜，也能搭配燙熟的蔬菜做成西餐主菜，另外還有夾土司、夾燒餅、夾漢堡麵包 等各種變化吃法，適合各人發揮創意及巧思。

Roast & Fry >> 煎烤炒炸類

# 芝麻熏魚

融酸、甜、辣於一味的醬汁，
熬煮出有別於糖醋的另類風味。

**• 材料 •**

烏鰡魚肚檔……一塊
豆瓣醬……1小匙
蒜末……少許
白芝麻……少許
檸檬……半顆

**• 調味料 •**

醬油……2小匙
糖……2大匙
蠔油……1小匙
烏醋……1小匙
蕃茄醬……1大匙
胡椒粉……少許
香油……1小匙

1

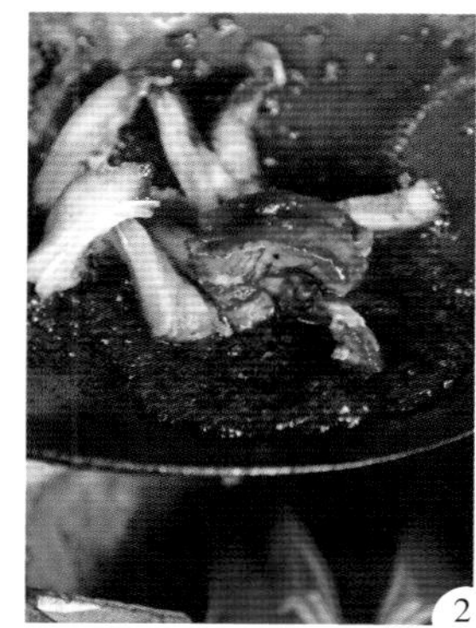
2

3

**• 作法 •**

1 將魚肚檔洗淨，切塊。（1）
2 大蒜去皮，切末；檸檬洗淨，切瓣。
3 將油加熱至120°C，油炸魚肚檔，約1~2分鐘，呈金黃色。
4 起油鍋，爆香蒜末、豆瓣醬，再加入醬油、糖、蠔油、烏醋、蕃茄醬、胡椒粉拌勻，最後加水，再將魚塊放入，煮至收水。（2、3）
5 盛盤，擠上檸檬汁、灑些白芝麻。

Tips
- 醬汁為此道菜的特色，可依個人口味及經驗調配比例，熬煮時注意火力不要太大，以免燒焦破壞味道。
- 放涼後也能帶便當、夾飯糰或漢堡，出門享用一頓美味豐盛的野餐！

Roast & Fry >> 煎烤炒炸類

# 煎烤魚

以油煎鎖住魚肉鮮味，
再烤出香味，令人垂涎三尺。

**•材料•**

魚……半條

**•調味料•**

胡椒鹽……依個人喜好

1

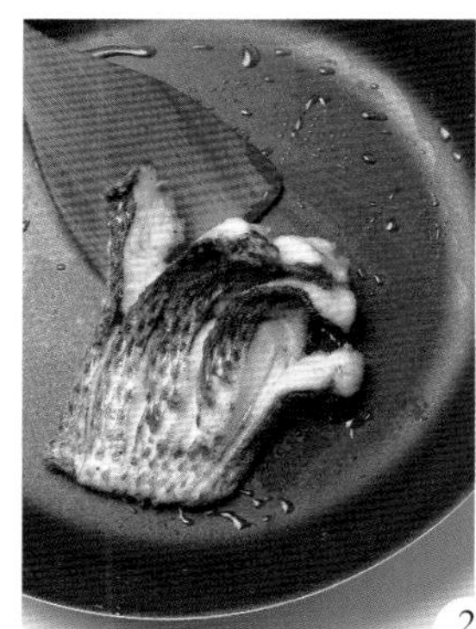
2

3

**•作法•**

1 將魚洗淨，由脊椎剖半，切成適當大小後橫切數段，但不要切斷，可使魚肉更快熟透。（1）
2 將油加熱至120°C，魚油炸至3分熟。若不想吃得太油膩，可以平底鍋煎魚代替。（2）
3 將烤箱預熱至200°C，放進炸（煎）過的魚，烤大約 30 分鐘，至金可黃色的程度即可。（3）
4 佐以胡椒鹽，依個人喜好調配。

Tips

• 鯽魚、秋刀魚、鯖魚，皆適合煎烤，香氣撲鼻。

Roast & Fry >> 煎烤炒炸類

# 紅糟魚

香酥口感兼具養生、美容，
營養美味新吃法。

**• 材料 •**

魚肉 ------ 1斤
蔥花 ------ 少許
酥炸粉 ------ 少許
辣椒 ------ 1支切段
蒜酥 ------ 少許

**• 調味料 •**

紅糟 ------ 適量
胡椒粉 ------ 少許
米酒 ------ 1大匙
鹽、香油 ------ 適量
雞粉 ------ 1小匙

1

**• 作法 •**

1 將魚肉洗淨，切成薄片狀。（1）
2 蔥洗淨，切細；辣椒洗淨，切段。（1）
3 拌勻米酒、鹽、紅糟、胡椒粉，醃魚肉約5分鐘。（2）
4 酥炸粉加水，調至成泥狀。
5 醃過的魚肉沾裹酥炸粉，將油加熱至120°C，油炸魚肉。
6 另起油鍋，爆香辣椒段、蒜酥、蔥花，放入炸過的魚塊拌勻。（3）
7 加入雞粉、胡椒粉調味，再淋上香油盛盤。

2

**小知識。**

紅糟乃糯米飯、紅麴釀酒後的糟粕，酒香濃，常用來烹雞、豬肉，是福州菜的獨門醬料。作法是將紅麴、酒和煮過的糯米放進甕裡，拌勻，待其發酵，發酵時間之長短因氣溫而不同，天熱時發酵較快，一般約十天至一個月，待湯汁出來即成；不可添加任何人工色素、人工香料，以免亂了紅糟的氣味。

紅麴又名丹麴、赤麴、紅米、福麴，《本草綱目》說它能活血化瘀，有助分解食物，幫助消化，是治婦人病的良藥，幫助排除體內毒素。現代醫學已證實，紅糟是養生妙品，能降血脂、血壓、膽固醇。堪稱21世紀時髦的保健食品，有長壽、美容的功效。

3

# 烤肚檔

烘烤出魚肚檔的肥美鮮甜，中西吃法皆宜。

**• 材料 •**

烏鰡肚檔......2塊
檸檬......切片

**• 調味料 •**

胡椒鹽......適量

**• 作法 •**

1 將魚肚檔洗淨，依喜好切成塊。（1）
2 將切塊的魚肚檔抹上胡椒鹽、擠入檸檬汁。
3 將烤箱預熱至200℃，調味過的魚肚檔放入烤盤，烤15~20分鐘，表面呈金黃色即可。（2）

**Tips**

- 吳郭魚、虱目魚的魚肚肥嫩，最適合烤來吃，香氣撲鼻。
- 烤魚最難處在控制火侯，應視各烤箱火力調整；若為上下能均衡出火的烤箱，可不必翻面，烤時可戳戳魚肉最厚的部分，若能穿過即為熟透。注意不要烤焦。

1

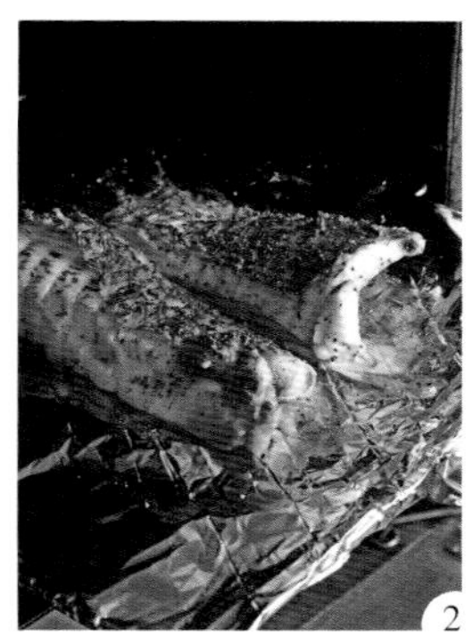

2

Roast & Fry >> 煎烤炒炸類

# 干燒魚頭

傳統家常味，香醇濃郁，
營養滋補。

**• 材料 •**

魚頭......半個
蒜末......少許
蔥花......少許

**• 調味料 •**

胡椒粉......1小匙
醬油......1大匙
糖......少許
香油......1小匙
太白粉......少許
烏醋......1小匙
豆鼓......少許

1

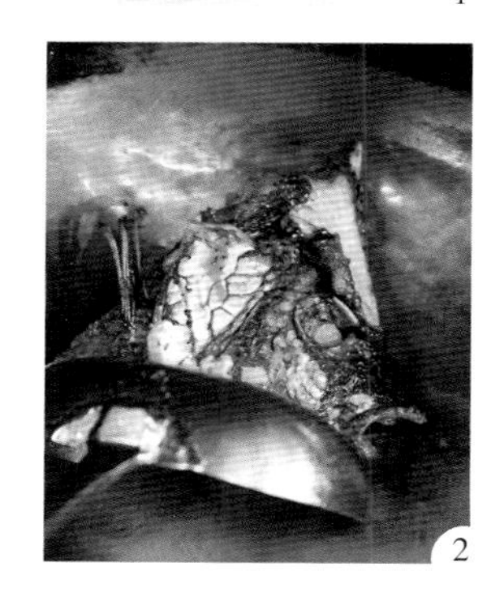

2

**• 作法 •**

1 將魚頭洗淨。大蒜去皮切末；蔥洗淨切細。（1）
2 將油加熱至120℃，油炸魚頭。
3 另起油鍋，爆香蒜末、豆鼓，然後倒入高湯煮開。（2）
4 放入魚頭，並加醬油、胡椒粉及和糖調味，煮至快收水時加入太白粉勾縴。
5 加入香油、蔥花。

Roast & Fry >> 煎烤炒炸類

# 茄汁魚片

酸甜爽口，
炎炎夏日老少皆宜的好味道。

**•材料•**

魚肉……1斤
蔥花……少許
蒜末……少許
辣椒……1支（切段）
白芝麻……少許
香菜……少許

**•調味料•**

醬油……1大匙
糖……2大匙
蕃茄醬……2大匙
酥炸粉……少許
太白粉……少許

1 2

3

**•作法•**

1 將魚肉洗淨，切成1公分厚的魚片。（1）
2 將蔥洗淨，切細；大蒜去皮切末；辣椒洗淨切段。
3 酥炸粉加水調製成泥狀。（2）
4 魚片沾裹酥炸粉，將油加熱至120°C，油炸魚片，炸至金黃色。
5 另起油鍋，爆香蒜末及辣椒段，加入醬油、蕃茄醬、糖加水煮開，再加入太白粉勾縴。（3）
6 將調製好的勾縴醬汁淋在炸好的魚片上，灑上白芝麻及香菜。

Roast & Fry >> 煎烤炒炸類

# 奶油魚

輕鬆簡易，香氣四溢，
地中海風味的人氣菜色。

**• 材料 •**

魚 ...... 半條
洋蔥 ...... 1/4顆切絲
蔥段 ...... 1支
蒜末 ...... 少許
奶油 ...... 1大匙

**• 工具 •**

鋁箔紙

**• 調味料 •**

胡椒鹽 ...... 少許
黑胡椒 ...... 少許

1

2

3

4

**• 作法 •**

1 將魚洗淨，由脊椎剖半。

2 洋蔥去皮，切絲；蔥洗淨，切段；大蒜去皮，切末。

3 裁下適量大小的鋁箔紙兩張，疊兩層，將魚平放其上。（1）

4 將洋蔥切絲、蔥切段、大蒜切末，連同奶油、胡椒鹽、黑胡椒一起放在鋁箔紙的魚上。（2）

5 將鋁箔紙摺疊成信封狀，留下最上方的開口，倒入開水或米酒（風味更佳），然後封口往下摺。（3、4）

6 將鋁箔紙魚信封放入烤箱烤熟。

Roast & Fry >> 煎烤炒炸類

# 鹽烤魚

酥脆多汁，呈現魚肉新鮮原味，
配飯下酒皆宜。

**•材料•**

魚......1條（不去鱗）
檸檬......半顆（切片）

**•調味料•**

胡椒鹽......適量
鹽......適量

1

2

3

4

**•作法•**

1 買來未去除鱗片的魚，切腹去除內臟之後洗淨。

2 將魚由脊椎對剖後，抹上大量的鹽，至看不到魚身。（1、2）

3 將烤箱預熱至200℃，放入抹鹽的魚。以小火慢烤，先烤有鱗片側，大約10~15分鐘再翻面烤魚肉側，大約30分鐘後呈金黃色即可。（3、4）

4 附上胡椒鹽及檸檬片調味搭配。

**Tips**

- 魚的鱗片有隔熱功效，使魚肉不致馬上烤焦；鋁箔紙更加天然原味。
- 以此法烤出表皮酥脆，多汁鮮美的魚肉。吃的時候輕輕將魚皮剝除即可。

Creative dishes

# 照燒宮保

照燒　以醬油、糖、蒜等佐料燒烤的日式料理方法。

宮保　基本配料爲乾辣椒、花生、蔥，炒香調味。

三杯　以醬油、麻油、米酒調味，細細煨煮。

蔥爆　以蔥段爆香，再加入醬油調味、拌炒，重鹹與油。

# 酸辣魚柳

泰式風味的涼拌好菜，
清新爽口。

**• 材料 •**

無刺魚肉
蔥絲……1根切絲
紅蘿蔔……切絲
洋蔥絲……1/4顆切絲
辣椒絲……1支切絲
蒜末……3粒切末
檸檬……半顆
酥炸粉……少許
香菜……少許

**• 調味料 •**

白醋……1大匙
糖……1大匙
香油、辣油……各1大匙
胡椒粉……1小匙
花生粉……1大匙

**• 作法 •**

1 魚肉洗淨，切成柳條狀。（1）
2 將蔥及辣椒洗淨切絲；紅蘿蔔、洋蔥去皮切絲；大蒜去皮切成碎末。（1）
3 將油加熱至120℃，魚柳沾裹酥炸粉油炸成金黃色，撈起備用。（2）
4 將所有調味料加在一起拌勻，放上蔥絲、洋蔥絲、辣椒絲、紅蘿蔔絲、蒜末，再次拌勻。（3、4、5）
5 將拌勻的醬料淋在炸好的魚柳上，灑上花生粉及香菜。（6）

**Tips**

須選擇肉質較結實的魚，以免做成魚柳後鬆散。鮭魚的肉質教疏鬆，不適合此法。

Creative dishes >> 照燒宮保類

# 照燒魚

鮮甜香濃，下飯好滋味。

**•材料•**

魚……半條
蔥花……少許
蒜末……少許
豆瓣醬……1大匙
白芝麻……少許

**•調味料•**

醬油……1大匙
蠔油……1小匙
烏醋……1小匙
蕃茄醬……1大匙
糖……1大匙
胡椒粉……少許
太白粉……少許
香油……1小匙

1

2

3

4

**•作法•**

1 將魚洗淨，由脊椎剖半，斜切為格狀，油炸後形狀較立體好看。（1）
2 蔥洗淨切細；大蒜去皮切末。（2）
3 將油加熱至120℃，油炸魚肉。（3）
4 製作醬汁，另起油鍋，爆香蒜末，加入豆瓣醬炒香，再加入醬油、蠔油、烏醋、蕃茄醬、糖、胡椒粉及高湯煮開，再以太白粉勾縴，加入香油、蔥花。（4）
5 將炸過的魚肉放入蒸鍋，以中火蒸約12~14分鐘至熟透。
6 取出蒸好的魚肉擺盤，淋上醬汁並灑上白芝麻。

Creative dishes >> 照燒宮保類

# 糖醋魚

外脆內軟的鮮嫩魚肉佐以酸甜醬料，口感滋味更上層樓。

**•材料•**

魚……半條
辣椒末……少許
蒜末……少許
白芝麻……1小匙
蔥花……少許

**•調味料•**

糖……2大匙
醬油……1大匙
蕃茄醬……2大匙
地瓜粉……適量
烏醋……1大匙
白醋……1大匙
太白粉……少許

1

2

3

4

**•作法•**

1 將魚洗淨，由脊椎橫剖半。
2 將辣椒洗淨，大蒜去皮，切末；蔥洗淨切細。
3 將油加熱至120°C，魚沾地瓜粉，油炸約1~2分鐘至金黃色，撈起備用。（1、2）
4 起油鍋爆香蒜末、辣椒末，加入醬油炒香後，再加入蕃茄醬、糖，並加水煮開。（3）
5 加入烏醋調味，再加入太白粉勾縴，加些許熱油以調整亮度，最後加入白醋提味。
6 把醬料淋在炸好之魚塊上，灑上白芝麻。（4）

- 炸魚必須先中火，後大火，若一直用大火，易使表皮焦黑而內部未熟。
- 可選擇紅鮒、黃魚等。

Creative dishes >> 照燒宮保類

# 宮保魚丁

香辣可口，雞丁變魚丁，
川菜代表味的新吃法。

**•材料•**

無刺魚肉......1斤
洋蔥......1/4顆
蔥段......1支切絲
乾辣椒......少許
酥炸粉......適量
地瓜粉......少許
蒜片......2粒切片
薑片......約10片
蒜花生......25粒

**•調味料•**

米酒......1小匙
醬油......1小匙
糖......1小匙
蕃茄醬......1小匙
香油......1小匙
胡椒粉......少許
花椒粉......少許

1

2

3

4

**•作法•**

1 將魚肉洗淨，切成小塊備用。（1）
2 將洋蔥、蔥、辣椒、薑洗淨；洋蔥剝皮切絲；蔥切絲；辣椒切段；大蒜去皮切片；薑去皮切片。（1）
3 將酥炸粉加水，調製成泥狀，備用。（2）
4 將油加熱至120℃，魚塊沾酥炸粉後放入油炸至金黃色。（3）
5 起油鍋，爆香蒜片、乾辣椒，再倒入米酒。（4）
6 加入醬油、糖、蕃茄醬、胡椒粉、花椒粉，拌勻後再加水煮開。
7 放入炸過的魚塊，炒出香味，再放入蔥段及洋蔥絲，炒至收水。
8 加入香油、蒜花生，再炒香。

# 薑絲魚片

酸嗆開胃，
祛寒暖身的冬季好料。

### • 材料 •

無刺魚肉……半斤
酸菜……1 片切絲
薑……2~3 片切絲
黃豆醬……1大匙
辣椒段……1根
蒜末……1大匙

### • 調味料 •

白醋……2大匙
糖……1大匙
香油……1小匙
太白粉……少許

### • 作法 •

1 將魚肉洗淨，切成片狀。
2 薑洗淨去皮，切絲；辣椒洗淨切段；大蒜去皮切末。
3 將油加熱至120℃，在切好的魚片上抹太白粉，放進熱油裡微炸後備用。亦可以平底鍋放適量的油煎過。
4 起油鍋，爆香蒜末、辣椒段、薑絲、酸菜，再加入黃豆醬炒開，然後放入糖炒勻，最後加入微炸（煎）過的魚片。
5 倒入白醋以大火快速拌炒均勻，再倒入香油。

Creative dishes >> 照燒宮保類

# 蒜泥魚片

以魚片代替常見的白肉，
膽固醇較低，健康新吃法。

**•材料•**

去皮魚肉……半斤
豆芽……1大把
五味醬……2大匙
香菜……少許
太白粉……少許

**•作法•**

1 將魚肉洗淨，切成0.1公分厚的片狀。（亦可請魚攤販代為處理）
2 將豆芽洗淨。
3 先將一鍋水煮開，在魚片上沾裹太白粉，放入熱水汆燙幾秒鐘。
4 另燒開水將豆芽汆燙，撈起之後平鋪於盤子上。
5 將汆燙過的魚片鋪在豆芽菜上，淋上五味醬並灑上香菜。

Creative dishes >> 照燒宮保類

# 鳳梨魚丁

香酥可口甜滋滋，
小朋友的最愛。

**•材料•**

無刺魚肉......半斤
鳳梨片......3片切成塊狀

**•調味料•**

酥炸粉......5大匙
巧克力米......少許
沙拉醬......1/4包

**•作法•**

1 將魚肉洗淨，切成塊狀。（1）
2 將鳳梨切丁。（1）
3 酥炸粉加水調製成泥狀。（2）
4 將油加熱至120℃，切好之魚塊沾裹酥炸粉，入鍋油炸至金黃色。（3、4）
5 將美乃滋放入鍋中（不須放油），加入鳳梨丁，再將炸好之魚塊放入鍋中拌炒，最後灑上巧克力米。

Tips

•酥炸粉調製方法：加水打成泥狀，約至可順利流下的程度即可，可再加入些許沙拉油潤滑，炸出來的魚塊色澤較美。

Creative dishes >> 以魚代肉，創新吃法

# 三杯魚

道地料理新吃法，重口味壓軸菜。

**• 材料 •**

魚肚檔……1塊
蔥段……1支
洋蔥……1/4顆
辣椒段……1條
九層塔……少許
蒜……10顆
薑片……10片

**• 調味料 •**

米酒……1/4杯
糖……1大匙
醬油……1大匙
蕃茄醬……1大匙
麻油……1大匙
胡椒粉……少許
油膏……1大匙

1

**• 作法 •**

1 將魚肚檔洗淨，切塊。（1）
2 洋蔥剝皮，切絲；蔥及辣椒洗淨，切段；大蒜去皮；薑洗淨去皮，切片。（1）
3 將油加熱至120℃，油炸魚塊，至金黃色。
4 另起鍋，倒入麻油，爆香蔥段、辣椒段、蒜、薑片，再放入魚塊炒香。之後加入醬油、油膏、蕃茄醬、米酒、胡椒粉拌炒入味。（2）
5 將三杯鍋預熱，於鍋底放入洋蔥，再將炒好之食材入鍋，加入九層塔蓋上蓋子上桌。

2

**小知識。**

「三杯」的意思是烹製需醬油、麻油、米酒各一杯調味。為追求口味，實際操作可改變比例。三杯之運用廣矣，而且葷素皆宜，除了「三杯魚」，還可以烹製「三杯雞」、「三杯血糕」、「三杯中卷」、「三杯兔」、「三杯杏鮑菇」、「三杯豆腐」及「三杯素腸」等等。

Creative dishes >> 以魚代肉，創新吃法

# 香菇魚羹

營養豐富，滑嫩順口，
適合調養胃腸。

**• 材料 •**

無刺魚肉......半斤
紅蘿蔔......少許切絲
香菇......3朵切絲
筍......少許切絲
木耳......1朵切絲
蒜酥......少許
香菜......少許

1

2

**• 調味料 •**

太白粉......1小匙
胡椒粉......少許
烏醋......1小匙
香油......1小匙
醬油......1小匙
糖......1小匙
雞粉......1大匙
酥炸粉......適量

3

4

**• 作法 •**

1 將魚肉洗淨，切成0.5公分薄片。(1)

2 將紅蘿蔔洗淨去皮，切絲；香菇、木耳洗淨切絲：竹筍洗淨去皮，切絲。(2)

3 準備醃料：醬油、糖、胡椒粉、太白粉、香油，放入魚片醃約5分鐘。

4 將酥炸粉加水調製成泥狀。

5 魚片沾裹酥炸粉，將油加熱至120℃，油炸魚片至金黃色，即為魚酥。(3)

6 另起油鍋，炒蘿蔔絲、香菇絲、筍絲、木耳，加入高湯及蒜酥煮開，加入雞粉調味，再加入太白粉勾縴。(4)

7 起鍋，加入魚酥、烏醋、香油、香菜即可。

# 麻油魚

滋補元氣，適合剛生產完坐月子食用。

• 材料 •

無刺魚肉……半斤切成片狀
薑絲……少許
紅菜……1把

• 調味料 •

米酒……3大匙
香油……1小匙
麻油……2大匙

• 作法 •

1 到市場購買魚肉時請攤販幫忙去骨，洗淨後切成片狀。
2 薑洗淨去皮切絲，紅菜洗淨瀝乾。
3 起油鍋，以麻油爆香薑絲，然後放入魚片炒開。
4 加入米酒炒至6分熟。
5 另起鍋加入麻油炒紅菜，再加入6分熟之魚片。
6 加熱砂鍋並倒入香油，再放入炒鍋中的紅菜及魚片。

Creative dishes >> 照燒宮保類

# 紅燒魚

白飯、清粥、麵條的絕佳佐食，傳統家常味。

**• 材料 •**

魚……半條
香菇……2朵切片
蔥段……少許
紅蘿蔔……切片
洋蔥……1/4顆切絲
辣椒……1支切段
蒜末……少許

**• 調味料 •**

醬油……1大匙
糖……1大匙
烏醋……1小匙
蕃茄醬……1小匙
香油……1小匙
胡椒粉……少許
太白粉……少許

**• 作法 •**

1 將魚洗淨，由脊椎橫剖半。
2 香菇洗淨，切片；紅蘿蔔洗淨去皮切片；蔥及辣椒則洗淨切段；洋蔥去皮後取1/4顆切絲；大蒜去皮切末。
3 將油加熱至120℃，油炸至外表酥黃。
4 另起油鍋，爆香蒜末、辣椒段及香菇，接著加入紅蘿蔔片、洋蔥絲，再加入醬油、糖、蕃茄醬、胡椒粉、烏醋、高湯，煮開。
5 高湯煮開後放入魚，悶煮約10分鐘至收水，再加入香油。

Tips

• 紅鮒、吳郭魚、黃魚、烏魚、虱目魚、草魚、鰱魚、鯽魚，皆適合紅燒。

Creative dishes >> 照燒宮保類

# 椒鹽魚柳

鹹酥爽口，
適合炎炎夏日作下酒菜。

**• 材料 •**

無刺魚肉......半斤
蔥段......1支
蔥花......少許
洋蔥......1/4顆切絲
辣椒段......1支
辣椒末......少許
蒜末......2粒
酥炸粉......少許

**• 調味料 •**

鹽......1小匙
糖......1小匙
胡椒粉......少許
黑胡椒......少許
香油......少許

1

2

3

**• 作法 •**

1 將魚肉洗淨，切成柳條狀。（1）

2 蔥洗淨，一部分切段，另一部分切成細花；洋蔥剝皮，切絲；辣椒洗淨，一支切段，另一支切末；大蒜去皮，切末。（1）

3 酥炸粉加水，調至成泥狀。

4 魚柳沾裹酥炸粉，將油加熱至120℃，油炸魚柳。

5 另起油鍋，爆香蒜末、辣椒末、蔥段、辣椒段、洋蔥絲，放入魚柳之後再加入鹽、糖、胡椒粉、黑胡椒及蔥花調味，炒開後倒入香油拌炒。（2、3）

Tips

作這道菜務需細心和耐心，魚肉絕不可用機器絞碎，更不要揮刀胡砍亂剁，刀工以切為主，斬為輔，不令筋絡糾結。
魚肉切碎了，不易捏成肉丸，蒸製時也會散開，必須靡一點縴粉團聚，縴粉的用量也要小心，稍微多了味道全失。最好是將縴粉抹在手掌，捏製肉丸時表面即沾上一層縴粉，不致影響到裡面的肉感。

Creative dishes >> 照燒宮保類

# 魚肉獅子頭

適合天寒時令，
圍爐共食，溫暖脾胃。

**•材料•**

無刺魚肉......1斤
洋蔥末......1/4顆
大白菜......半顆切小段
香菇......6朵
雞粉......1小匙
薑末......少許
蒜末......少許
香菜......少許

**•調味料•**

豬油......半斤
醬油......1小匙
胡椒粉......少許
香油......1小匙
太白粉......少許

1

2

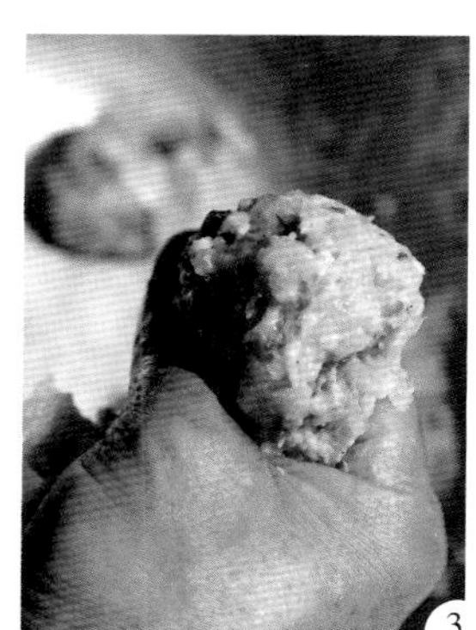
3

4

5

6

**•作法•**

1 將魚肉洗淨，先切成片，再切成絲，繼切成丁，以大刀剁細，須有規律地下刀，而非亂砍一氣。（1）
2 將洋蔥、大白菜、香菇、薑洗淨；洋蔥去皮切末；大白菜切成小段；香菇4朵切絲，2朵切末；薑去皮切末；大蒜去皮切末。（2）
3 在剁碎的魚肉末中加入豬油、洋蔥末、香菇末、薑末，拌勻，再加醬油、雞粉、香油、胡椒粉調味，製成一鍋絞肉。
4 取適量太白粉，將絞肉搓成一顆顆圓球狀，再適度裹粉。（3、4、5）
5 將油加熱至120℃，將裹粉的肉丸炸成金黃色，備用。
6 預熱砂鍋。
7 起油鍋，爆香蒜末、香菇絲，然後加入大白菜炒軟，再加高湯煮開。（6）
8 將煮過的材料加入預熱之砂鍋煮開，再放入炸過的魚肉獅子頭煮透，最後灑上香菜。

Creative dishes >> 照燒宮保類

# 蔥爆魚柳

蔥香四溢的鹹味魚柳，
另類快炒好滋味。

**• 材料 •**

無刺魚肉……半斤
洋蔥……1/4顆切絲
蔥段……1支切段
蔥花……少許
蒜末……3粒切末
辣椒……1根切段

**• 調味料 •**

糖……1大匙
酥炸粉……少許
醬油……1大匙
香油……1小匙
沙茶醬……1大匙
胡椒粉……1小匙
黑胡椒……1小匙

**• 作法 •**

1 魚肉洗淨，切成柳條狀。（1）
2 將洋蔥去皮切絲；蔥及辣椒洗淨切段，另留一部分蔥切成細花；大蒜去皮切成碎末。（1）
3 將油加熱至120℃，魚柳沾裹酥炸粉油炸成金黃色，撈起備用。（2）
4 起油鍋爆香蒜末、蔥段、辣椒段，再加入醬油、糖、沙茶醬、胡椒粉、黑胡椒，然後加水煮勻。（3）
5 加入魚柳炒勻，再加入洋蔥絲、蔥花，炒至收水。（4）
6 倒入香油。

Tips

• 蔥段宜先爆香再滷。

Creative dishes >> 照燒宮保類

# 冬菜扣魚

經典冬菜扣肉的變體，魚肉鮮嫩搭配酸鹹冬菜的絕妙組合。

### •材料•

烏鰡魚肉……1斤
蒜末……少許
辣椒末……少許
酸菜……2片
福菜……2片
香菜……少許
豆芽……少許

### •調味料•

雞粉……1小匙
醬油……1小匙
糖……1大匙
香油……1小匙
胡椒粉……少許
太白粉……少許

1

2

3

4

### •作法•

1 將魚肉洗淨，切成約1.5公分厚的魚片。（1）

2 大蒜去皮、辣椒洗淨，切末；豆芽洗淨瀝乾。（1）

3 調和醬油、糖、香油、胡椒粉、太白粉，醃魚片5分鐘。

3 將油加熱至120℃，油炸魚片，大約上色即可。

4 另起油鍋，加入蒜末、辣椒末炒香，放入酸菜、福菜，炒透至出味道後，加入糖及胡椒粉調味。（2）

5 將炸過的魚片排在碗內部，再將炒過之酸菜、福菜放在魚肉之上，最後加入豆芽，以保鮮膜封住碗後放入蒸籠，以中火蒸約12~14分鐘直至熟透。（3）

6 從蒸籠中取出鋁碗，倒扣於大盤子上。（4）

7 另起油鍋，爆香蒜末，加入高湯煮開，再加入雞粉及太白粉勾縴，最後淋在盤中倒扣之魚肉上，最後灑上香菜。

**Tips**

•尾牙時取代滷肉夾在割包中，亦是不錯的選擇。

Creative dishes >> 照燒宮保類

# 鐵板魚柳

魚肉鬆軟，香氣撲鼻，
適合宴客。

**•材料•**

無刺魚肉 ......半斤
洋蔥 ......1/4顆
辣椒段 ......1條
蔥段 ......1支
紅蘿蔔 ......6-7根切片
香菇 ......2朵切片
蒜片 ......2粒
酥炸粉 ......少許

**•調味料•**

醬油 ......1大匙
香油 ......1小匙
黑胡椒 ......少許
胡椒粉 ......少許
蕃茄醬......1大匙
糖 ......1小匙
蠔油 ......1小匙

**•作法•**

1 將魚肉洗淨，切成柳條狀。（1）

2 洋蔥剝皮，切絲；蔥及辣椒洗淨，切段；紅蘿蔔洗淨去皮，切片；香菇洗淨；大蒜去皮，切片。

3 酥炸粉加水，調至成泥狀。

4 魚柳沾裹酥炸粉，將油加熱至120℃，油炸魚柳。

5 另起油鍋，爆香蔥段、辣椒段、生香菇、蒜片、紅蘿蔔片，再加入醬油、蠔油、胡椒粉、黑胡椒、蕃茄醬、糖及水調開，最後放入魚柳拌炒。（2）

6 將鐵板加熱，放上奶油、洋蔥絲，再將拌炒過的魚柳和其他食材擺上去。（3、4、5、6）

Part 4

Healthy soup

# 汆熬煲燉

汆 放入沸水中快速燙熟，隨即取出，過久則謂之煮。

熬 放入湯水中，蓋上鍋蓋以微火慢慢燜煮，須耐心及細心。

煲 以甕或深鍋，覆上蓋子，慢火熬煮，燜至熟透。

燉 加水，以文火慢煮至熟爛，蓋上鍋蓋長時間等待。

Healthy soup >> 汆熬煲燉類

# 味噌魚湯

營養美味的日式湯品，
餐前餐後搭配皆宜。

**• 材料 •**

魚頭……半個
豆腐……1塊
蔥花……少許
味噌……1/2杯
薑絲……少許

**• 調味料 •**

醬油……1小匙
糖……1小匙
柴魚……少許

1

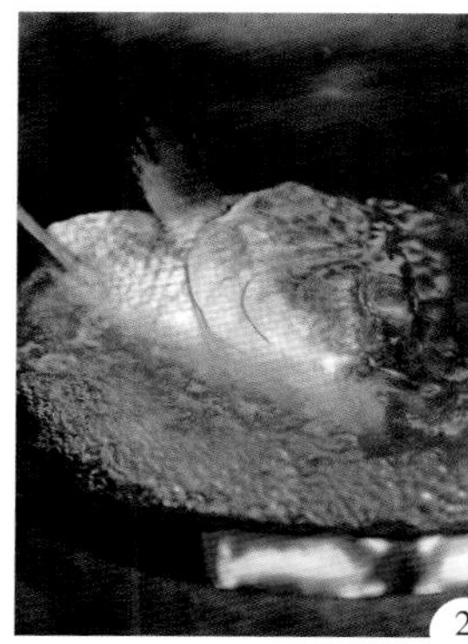
2

3

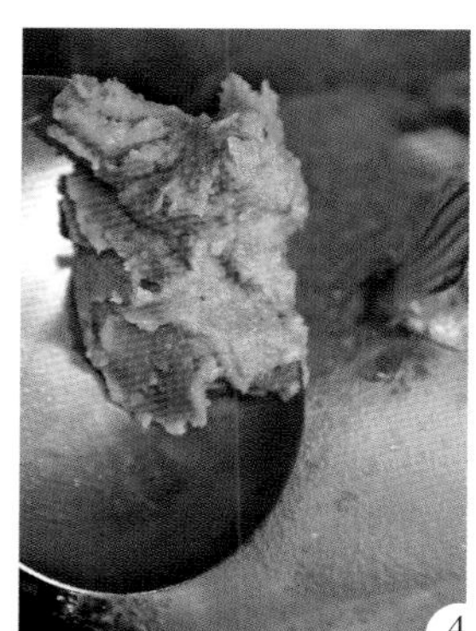
4

**• 作法 •**

1 將魚頭洗淨，剖半。（1）
2 豆腐洗淨、切塊；蔥洗淨，切細；薑洗淨去皮，切絲。（1）
3 汆燙魚頭。（2）
4 將高湯煮開，加入魚頭及醬油、糖、薑絲，再煮至魚頭熟成。
5 加入豆腐及味噌，煮熟。（3、4）
6 灑上蔥花及柴魚 。

# 燒酒魚

酒香撲鼻，
冬天養身、禦寒、進補。

**•調味料•**

麻油......2大匙
米酒......1瓶
雞粉......1大匙

**•材料•**

魚頭......半個
枸杞......少許
蔘......2支
當歸......2片
紅棗......8粒
甘草......5片
薑片......8片
上述中藥材包入藥包。

**•作法•**

1 將魚頭洗淨，對剖後切塊。
2 準備中藥材。
3 起油鍋，以麻油爆香薑片，加入切塊之魚頭拌炒至5分熟。
4 將中藥材入鍋，加入米酒及雞粉，煮開後再轉小火熬煮20分鐘。

Healthy soup >> 汆熬煲燉類

# 湯泡魚生

涮涮鍋吃法，
大夥圍桌共食的美味料理。

**• 材料 •**

無刺魚肉
醬冬瓜 ...... 2大匙
蔥花、薑絲 ..... 各少許
雞粉 ...... 1大匙

**• 調味料 •**

胡椒粉 ...... 少許
香油 ...... 1小匙

**• 作法 •**

1 將魚肉洗淨，切成薄片。
2 蔥洗淨，切細；薑洗淨去皮，切絲。
3 預熱砂鍋，先將高湯煮開，加入醬冬瓜及雞粉，再將高湯煮滾一次。
4 上桌前將薑絲、魚肉、香油、蔥花入鍋，即快速涮生魚片的吃法。

Healthy soup >> 汆熬煲燉類

# 砂鍋

冬季圍爐團圓，
眾人共食的豐盛主鍋。

**• 材料 •**

魚頭......半個
大白菜......半顆
豆皮......10片
凍豆腐......2塊
香菇......5朵
蕃茄......1顆
紅蘿蔔......1/4根切片
金針菇......1包
蔥花......少許
芋頭......少許

**• 調味料 •**

沙茶醬......2大匙
雞粉......1大匙
香油......1小匙

1

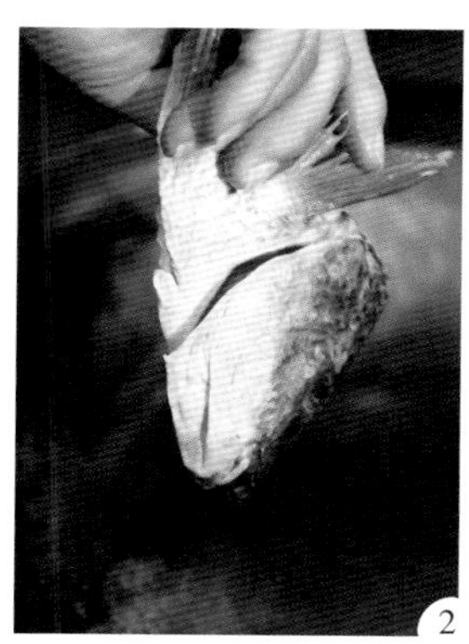
2

**• 作法 •**

1 將魚頭洗淨。（1）
2 將大白菜、凍豆腐、香菇、番茄、紅蘿蔔、金針菇、蔥、芋頭等鍋料洗淨；大白菜切段，凍豆腐、番茄切塊，紅蘿蔔、芋頭切滾刀塊，蔥切細。（1）
3 將油加熱至120℃，油炸魚頭約1~2分鐘。芋頭也可先炸過。（2）
4 另以砂鍋將高湯煮開，加入魚頭、豆皮、凍豆腐、香菇、蕃茄、紅蘿蔔片、金針菇、芋頭、大白菜，煮至熟透。
5 加入雞粉、沙茶醬、香油、蔥花。

# 薑絲魚湯

祛寒取暖，養生滋補身心。

• 材料 •

魚頭 ......半個
薑絲 ......少許
醬冬瓜 ......2大匙
蔥花 ......少許
胡椒粉 ......少許

• 調味料 •

香油 ......1小匙
雞粉 ......1大匙

• 作法 •

1 將魚肉洗淨，切段。（1）
2 蔥洗淨，切細；薑洗淨去皮，切絲。（1）
3 汆燙魚頭。
4 將高湯煮開，加入魚頭、醬冬瓜、薑絲煮至熟成。（2）
5 加入雞粉、香油、蔥花、胡椒粉。

1

2

Healthy soup >> 汆熬煲燉類

# 麻油魚湯

養顏滋補，驅逐寒氣，調理生機。

• 材料 •

烏鰡魚帶骨部分 ......1斤
老薑 ......半根切絲
雞粉 ......1大匙

• 調味料 •

麻油 ......1/4杯
米酒 ......1瓶

• 作法 •

1 烏鰡帶骨肉洗淨，切成段。（1）
2 老薑洗淨，切絲。（1）
3 起油鍋，以麻油爆香薑絲，放入魚段，炒約5分熟，
4 倒入米酒煮滾再加入雞粉。（2）
5 預熱砂鍋。
6 將炒過的魚段放進預熱的砂鍋，煮滾。

1

2

Healthy soup >> 汆熬煲燉類

# 福菜魚湯

冬季的開胃爽口湯品，古意十足。

### •材料•

魚頭……半個
薑絲……少許
福菜……2大片
辣椒段……1支
蔥花……少許

### •調味料•

香油……1小匙
雞粉……1大匙
白醋……1小匙
胡椒粉……少許

1

2

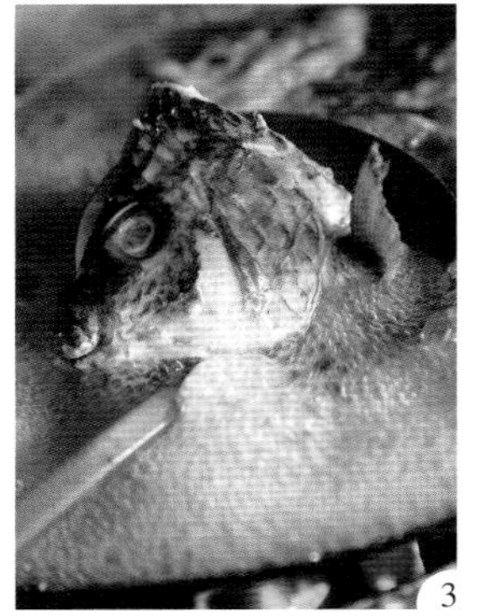
3

4

### •作法•

1 將魚頭洗淨，剖半。（1）
2 薑洗淨去皮，切絲；辣椒洗淨，切段；蔥洗淨，切細。（1）
3 汆燙魚頭。（2）
4 將高湯煮開，加入魚頭、薑絲及沙拉油，炒香。（3）
5 另將福菜熬煮熟成。（4）
6 全部混為一鍋，加入雞粉、香油、蔥花、白醋。

小知識。

福菜是自然發酵，不含防腐劑、色素及添加物，呈現一種高尚的「古風」。
它在製作過程需要大量曝曬，充滿了陽光的味道。

Healthy soup >> 汆熬煲燉類

# 鳳梨苦瓜魚湯

清甜退火，炎夏消暑的良伴。

**• 材料 •**

魚頭 ...... 半個
苦瓜 ...... 半條
鳳梨醬 ...... 2大匙
薑絲 、蔥花 ...... 各少許

**• 調味料 •**

雞粉 ...... 1大匙
胡椒粉 ...... 少許
香油 ...... 1小匙

1

2

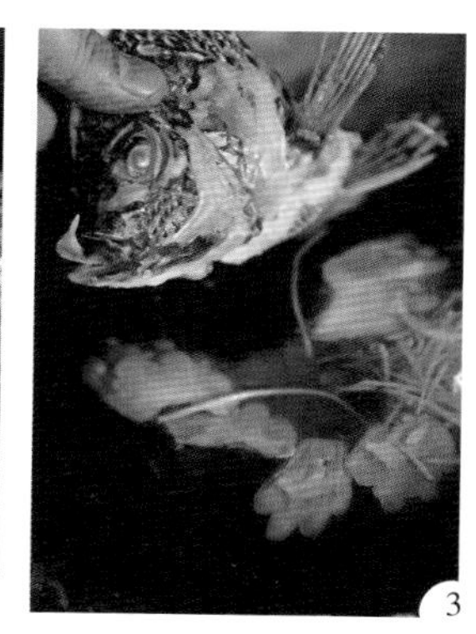
3

4

**• 作法 •**

1 將魚頭洗淨，剖半。（1）
2 將苦瓜洗淨，去掉中間的籽，切成半圓形片狀。（1）
3 將水煮滾，快速汆燙苦瓜片。（2）
4 將魚頭放入滾水汆燙。（3）
5 將高湯煮滾，加入魚頭及鳳梨醬、薑絲及汆燙過之苦瓜片，熬煮至魚頭熟透。（4）
6 加入蔥花及香油，就可以上桌。

**小知識。**

豆醬鳳梨用青果醃製：以粗鹽、麴豆、糖、甘草、米酒醃製。美味藏在細節中，麴豆須先用米酒或鹽水清洗過，以免發霉。麴豆品質直接影響漬鳳梨成敗，用劣質漬鳳梨和苦瓜同煮，宛如缺乏愛情的婚姻，充滿怨懟之氣。

Healthy soup >> 汆煮煲燉類

# 竹筍魚湯

清脆淡雅，
豐富纖維促進消化。

**• 材料 •**

魚頭 ...... 半個
綠竹筍 ...... 1支
薑絲 ...... 少許
雞粉 ...... 1大匙
醬冬瓜 ...... 2大匙
蔥花 ...... 少許

**• 調味料 •**

香油 ...... 1小匙
胡椒粉 ...... 少許

1

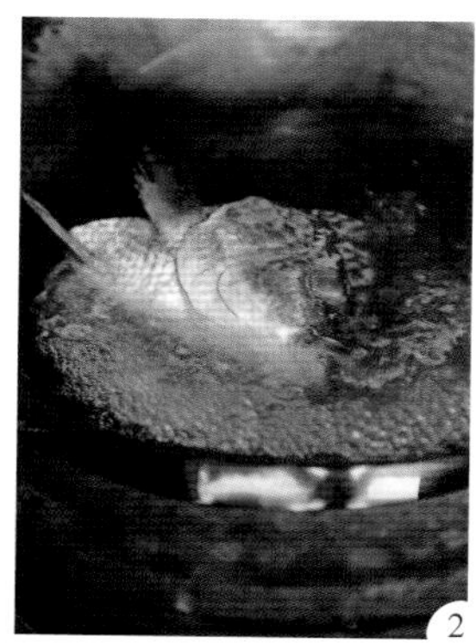
2

3

**• 作法 •**

1 將魚頭洗淨，剖半。（1）

2 竹筍洗淨，去皮，切塊；蔥洗淨，切細。（1）

3 將魚頭放入滾水汆燙。（2）

4 將高湯煮滾，加入魚頭及醬冬瓜和生竹筍、薑絲，熬煮至魚頭熟透，加上蔥花及香油。（3）

**Tips**

• 生竹筍加入滾水中煮容易苦，若想避免產生苦味，可另以一鍋單獨煮，將竹筍放入冷水後直接煮滾。

Healthy soup >> 汆熬煲燉類

# 麻辣魚湯

喰辣夠味，開胃暖脾，
促進氣血暢通。

**•材料•**

魚頭……半個
鯛魚……半隻
麻辣底……可至大賣場買現成之鍋底料
凍豆腐……1塊
豆皮……10片
大腸頭……1條
大白菜……半顆
香菇……6朵
香菜……少許
薑片……8片

**•調味料•**

醬油……1大匙
糖……1大匙
香油……1小匙
辣油……1大匙

1

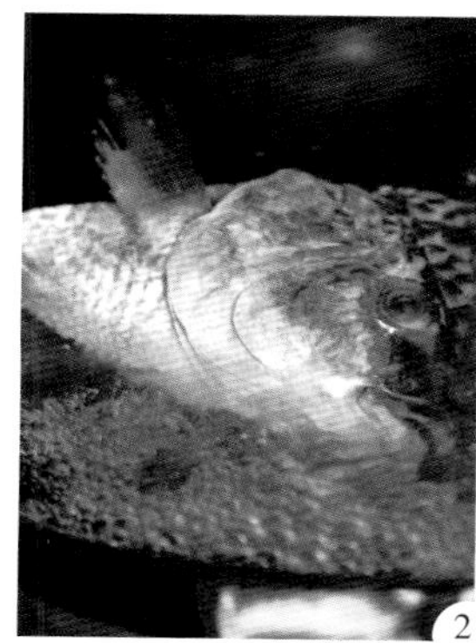
2

3

**•作法•**

1 將魚頭洗淨，剖半；雕魚洗淨，切片。（1）

2 將凍豆腐洗淨，切塊；大腸頭切片；大白菜洗淨切段；香菇洗淨；薑洗淨去皮，切片。（1）

3 汆燙魚頭。（2）

4 另起油鍋以香油爆香薑片，然後將麻辣湯底倒入煮開。（3）

5 麻辣湯底煮開後放入魚頭、凍豆腐、豆皮、大腸頭、香菇、大白菜煮至熟透，加入醬油及糖調味，再加辣油調色，上桌前放入香菜。

6 將雕魚片擺放在盤子內，上桌要吃的時候再入鍋汆燙。

Healthy soup >> 汆熬煲燉類

# 養生魚湯

健康又美味的養生湯品，
調養身心。

**• 材料 •**

魚皮、魚骨……約1斤
魚頭……半個
枸杞……少許
當歸……2片
蔘……1根
甘草……5片
紅棗……8粒
雞粉……1大匙

**• 調味料 •**

米酒……1/2匙

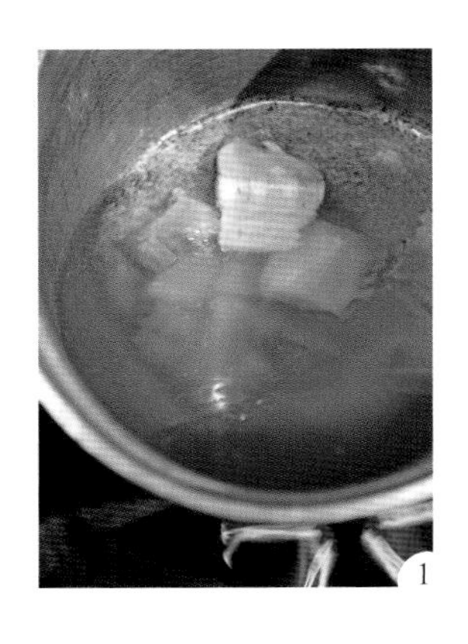
1

2

3

**• 作法 •**

1 魚皮、魚骨以小火煮成魚高湯。（1）
2 中藥材另鍋煮成高湯。（2、3）
3 再將2者組合成一鍋，將魚頭放入熬煮，加入雞粉至魚頭熟成。
4 上桌前加入米酒。

# 英雄不怕出身低

飲食文化專家 焦桐

我在石門水庫吃魚最痛快的經驗是「溪洲樓」的烏鰡宴，燻、三杯、宮保、豆瓣、湯泡、鹽焗、醋溜、豆豉、紅燒、藥膳、煮湯、清蒸依序十二種。那夜的主菜是烏鰡（青魚），最感動我的卻是吳郭魚。老闆李旭倡的吳郭魚獨步天下。

吳郭魚量夥價賤，加上有頑固的泥土味，一直上不了大餐館檯面。怎麼辦？臺灣盛產吳郭魚，市場上隨處可見活蹦亂跳的吳郭魚，拒食不免辜負了養殖業的貢獻，吃了又彷彿滿嘴泥巴。

我的對策是用百香果汁和百香果露，挽留魚肉的鮮度，頗爲有效，吃過的朋友都稱讚；我將實驗成果送給忠孝東路的「永福樓」，將吳郭魚也送上大餐館的檯面。然則這樣努力也還只能治標。

李旭倡的吳郭魚從根救起。他深諳「近墨者黑」古訓，先改善魚生長的環境品質——以水泥建築

魚塭，水泥地上舖石頭、細砂，不使惹爛泥。接下來改善水質——引山上水源注入魚塭，並從另一端排出，使魚塭恆保活水流動的狀態。最後是改善魚的伙食——捨棄一般飼料，改採豆餅餵養；當魚長大，換到隔壁另一個魚池，改用碎米煮飯餵養。他養出來的吳郭魚迥異於習見的黑色，而是通體白中泛著淡紅，外表乾淨美麗，誘人親近。英雄不怕出身低，這樣的魚簡直像一則勵志故事，無論如何烹調都很動人。

那夜我吃到一尾約三、四斤的吳郭魚作豆瓣，鮮嫩甜美，超過期待。更精彩的是只敷粗鹽燒烤，純粹而飽滿的滋味，每一口都是一種味蕾的歌頌；那尾烤吳郭魚，冷卻後食用，竟帶著蟳肉的質地，充滿養殖、料理的想像力和才華。三叔心臟病發唐突辭世前，我還惦念著要帶他們全家去吃烤吳郭魚，如今竟是永遠的遺憾了。

人類一開始就懂得漁獵維生，一部食魚史跟人類的歷史等長，我猜測文明發展最久的熟食可能就是烤魚，遠至舊石器時代晚期。烤魚技藝開發既久，其魅力足以傾國傾城，春秋時代的吳王闔閭就是靠「炙魚宴」幹掉哥哥，奪得政權。其實，僚當初赴宴也不是沒有戒心，奈何那魚烤得太美了，呈金黃色的美魚，首平尾翹，由於剛離火，送到面前猶帶著吱吱的炙烤聲。若我是僚，吱，只要不砍我，爲了吃這條烤魚，甘願讓出王位。

節錄自《暴食江湖・論吃魚》

二魚文化 魔法廚房 M049

# 經典魚料理

## 阿倡師的50種烹魚藝術

作　　者　李旭倡
攝　　影　劉慶隆
責任編輯　馮銘如
編輯協力　廖純瑜
美術設計　蔡文錦
副總編輯　黃秀慧

出 版 者　二魚文化事業有限公司
社址 106 臺北市大安區和平東路一段 121 號 3 樓之 2
網址 www.2-fishes.com
電話 (02)23515288
傳真 (02)23518061
郵政劃撥帳號 19625599
劃撥戶名　二魚文化事業有限公司

法律顧問　林鈺雄法律事務所

總經銷　大和書報圖書股份有限公司
電話　（02）8990-2588
傳真　（02）2290-1658

初版一刷　二〇一二年七月
ISBN ISBN 978-986-6490-72-9
定　　價　三二〇元

題字篆印 / 李蕭錕

國家圖書館出版品預行編目資料

經典魚料理：阿倡師的五十種烹魚藝術
/ 李旭倡著. -- 初版. -- 臺北市：二魚文化,
2012.07
112面；18.4×24.5公分. -- (魔法廚房；M049)
ISBN 978-986-6490-72-9(平裝)

1.海鮮食譜 2.魚 3.烹飪

427.252　　101013138

Magic
Kitchen

二魚文化